Angelika Kipp

Durchs Regenbogenjahr

Fensterbilder aus Regenbogenkarton

frechverlag

Von der beliebten Autorin Angelika Kipp sind im frechverlag weitere fröhliche Bastelbücher erschienen. Hier eine Auswahl:

TOPP 1832

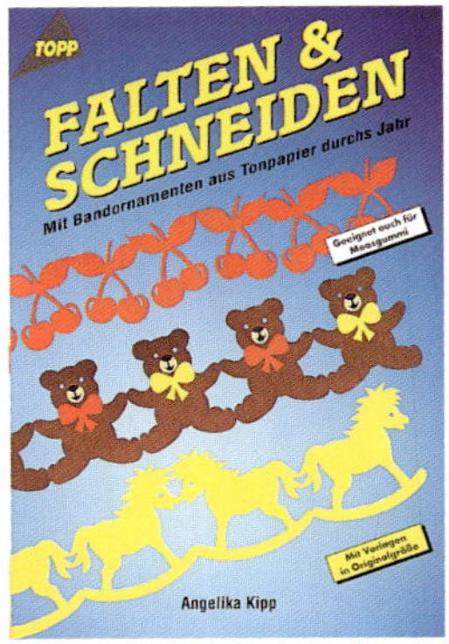

TOPP 1829

TOPP 1812

TOPP 1679

TOPP 1855

TOPP 1886

Zeichnungen: Berthold Kipp

Fotos: frechverlag GmbH + Co. Druck KG, 70499 Stuttgart; Fotostudio Ullrich & Co., Renningen

Auflage: 5. 4.
Jahr: 1999 98 97 | Letzte Zahlen maßgebend

frechverlag GmbH + Co. Druck KG, 70499 Stuttgart

ISBN 3-7724-1919-4 · Best.-Nr. 1919

Druck: frechverlag GmbH + Co. Druck KG, 70499 Stuttgart

Können Sie sich vorstellen, daß Sie ein Fensterbild genau nach Anleitung arbeiten, daß exakte Vorlagen zur Verfügung stehen, daß Sie sich an einem guten Foto orientieren können – und daß Sie trotzdem bis zum Schluß nicht wissen, wie Ihr Fensterbild so ganz genau aussehen wird?

Sie können sich das nicht vorstellen? Na, dann haben Sie noch nie mit Regenbogenkarton gearbeitet! Denn damit ist das Basteln bis zur letzten Sekunde wirklich spannend: Die herrlichen Farbverläufe laden so richtig ein zum Experimentieren und Variieren – wenn Sie Ihre Schablone beim Übertragen auf Regenbogenkarton nur wenige Zentimeter nach rechts oder links verschieben, sieht das fertige Fensterbild gleich ganz anders aus! Soll der Schnabel des Vogels eher rötlich schimmern? Oder vielleicht doch mehr ins Violette gehen? Oder eventuell doch lieber bläulich?

Dieses Spiel mit den Farben ist vor allem auch für Kinder unendlich spannend und macht Riesenspaß! Denn kein Fensterbild gleicht dem anderen, jedes ist ganz individuell und einzigartig! Und was dazukommt: Alle Motive dieses Buches, das Sie durch das ganze Jahr hindurch begleitet, sind wirklich kinderleicht zu basteln, denn sie bestehen aus nur wenigen Teilen. Deshalb können Sie natürlich auch alle Szenen mit Moosgummi oder normalem Tonkarton nacharbeiten.

Und nun – viel Spaß in Ihrem Regenbogenjahr!

Angelika Kipp

Anfertigen einer Schablone

1 Legen Sie das Transparentpapier auf die ausgewählte Vorlage.

2 Dann wird die Figur mit Bleistift auf das Transparentpapier übertragen. Denken Sie daran, daß separat zu arbeitende Teile – hier zum Beispiel die Flosse – auch wirklich ohne Überschneidungen aufgemalt werden müssen.

3 Kleben Sie die Transparentpapier-Zeichnungen auf einen dünnen Karton.

4 Schneiden Sie die Einzelteile aus – und fertig sind Ihre Schablonen!

Anfertigen eines Regenbogen-Fensterbildes

1 Suchen Sie sich den gewünschten Farbverlauf auf Ihrem Regenbogenkarton aus. Legen Sie die Schablone darauf, und umfahren Sie sie mit einem weichen, aber spitzen Bleistift.

2 Details wie zum Beispiel Augen oder Münder werden aufgemalt, eventuell müssen noch kleinere Einzelteile – hier etwa die Flosse – aufgeklebt werden. Achten Sie darauf, daß Sie bei Teilen, die aufgeklebt oder aufgemalt werden, absolut deckungsgleich arbeiten (siehe dazu Seite 6)!

Arbeitsmaterial

- Regenbogen**karton** (im Vergleich zu Regenbogen**papier** ist er beidseitig beschichtet und wesentlich stabiler)
- Tonkarton
- Transparentpapier
- Schere
- Bastelmesser
- Schneideunterlage
- Klebstoff
- Lineal
- Radiergummi
- weicher Bleistift
- schwarzer wasserfester Stift
- Faden zum Aufhängen
- Nähnadel

Tips und Tricks

Deckungsgleiches Kleben und Aufmalen von Konturen

Auf der Vorderseite eines Bildes werden die entsprechenden Teile aufgeklebt und die Markierungen mit einem Stift aufgemalt; die Strichstärke des Stiftes wählen Sie je nach Größe des Motives.
Die Rückseite sollten Sie möglichst deckungsgleich arbeiten: Drücken Sie dafür das Motiv mit der bereits fertig gebastelten Vorderseite bei Tageslicht gegen eine Fensterscheibe. So scheinen die Teile durch, und Sie können mit einem Bleistift auf der Rückseite die Stellen markieren, wo Sie andere Teile ankleben müssen oder wo mit dem Filzstift schwarze Markierungen ergänzt werden sollen.

Klebstoff

Damit kein Schmierfleck durch den Klebstoff entsteht, tragen Sie ihn einige Millimeter vom markierten Rand entfernt auf dem Regenbogenkarton auf.
Da manche Klebstoffe den Karton wellen, sollten Sie Ihren Kleber zuvor an einem Probestück testen.

Aufhängen der Fensterbilder

Es gibt verschiedene Möglichkeiten, ein Fensterbild aufzuhängen. Sie können sich zwischen dem altbewährten Faden und einem Klebeband entscheiden.
Wenn Sie mit einem Faden arbeiten wollen, balancieren Sie das Motiv zwischen Daumen und Zeigefinger aus, bis Sie die richtige Stelle gefunden haben. Mit einer Nadel stechen Sie dann einige Millimeter vom Rand entfernt in den Regenbogenkarton und ziehen nun den Faden durch.
Je größer das Motiv ist, um so sinnvoller ist es, das Fensterbild an zwei Fäden aufzuhängen.

Hallo, kleiner Regenbogenmann!

Körper und Kopf bilden die Grundform dieses fröhlichen Regenbogenmannes. Achten Sie beim Auflegen der Schablone auf den Regenbogenkarton darauf, daß das Kopfteil im gelben Farbbereich liegt. Malen Sie dem lustigen Gesellen sein Gesicht auf; dann erhält er seinen Kragen und die Pompons auf dem Anzug und den Schuhen. Und ohne Strubbelfrisur wär's kein echter Regenbogenmann!

Gaukler ...

Diese hübschen Schmetterlinge sind alle ganz einfach zu basteln, denn ...

... der Lüfte!

... sie bestehen jeweils nur aus einem Stück Regenbogenkarton und wirken allein durch die wunderbaren Farbverläufe!

Frohe Ostern!

Dekorieren Sie die bunt leuchtenden Ostereier mit einer passenden Schleife.

Der Herr im Hühnerhof

Der stolze Gockel bekommt sein Auge und den Schnabelstrich aufgezeichnet. Dann werden folgende Teile der Reihe nach auf den regenbogenbunten Körper geklebt: der Hautlappen samt Augenpartie, der Kamm, der Schnabel, die zwei Schwanzfedern, der Flügel und die Krallen. Weil der farbenprächtige Hahn so schön groß ist, sollten Sie ihn am besten an zwei Fäden aufhängen.

Blumengrüße

Die Stiele dieser herrlichen Blumenpracht kleben jeweils **auf** den Blüten!

Und noch ein kleiner Tip:
Lassen Sie doch unten entlang Ihres Fensters eine ganze Blumenwiese erblühen, Blume an Blume...!

Richtung Sommerurlaub

Hier müssen nur die zweiteiligen Räder fixiert werden, dann geht's gleich Richtung Urlaub!

Eine Seefahrt, ...

Sowohl die regen-
bogenbunten Anker ...

… die ist lustig!

… als auch die Segelschiffe sind jeweils aus einem Stück Regenbogenkarton gearbeitet!

Regenbogenfische

Auch die kleinen Regenbogenfische sind ganz einfach nachzubasteln: Das Auge und das Maul werden jeweils aufgemalt, die Flosse wird aufgeklebt.

Flamingo-Schönheit

Zeichnen Sie bei diesem eleganten Tier alle schwarz markierten Stellen auf.

Ein prachtvolles Eigenheim

Auf dem Körper der Schnecke kleben die
vier Teile, die dieses prachtvolle Eigenheim bilden.
Nur das Auge wird noch aufgemalt.
Und wer hätte nicht auch gern solch ein
regenbogenbuntes Häuschen!

Über den Wolken ...

Zeichnen Sie die gepunkteten Linien (siehe Vorlagenbogen) auf den Ballon und den Korb. Befestigen Sie dann die Sandsäcke, und schon kann die Fahrt über den Wolken inmitten eines Vogelschwarmes beginnen!

Wackel-clown

Die Grundform des Clowns (Körper und Kopf) wird aus einem Stück Regenbogenkarton geschnitten.

Nur die dicken Pompons, der Kragen und die Nase werden aufgesetzt. Die Augen sind aus weißem Tonkarton gearbeitet und bemalt; den schwarzen Stift brauchen Sie übrigens auch für den Mund und den Mützenrand.

Schulanfang

Fügen Sie die beiden Teile
der Schultüte zusammen,
und schließen Sie sie mit einem
aufgezeichneten Band.
So beginnt der regenbogen-
bunte „Ernst des Lebens"!

Wer ist der Schönste ...

Schneiden Sie die Körperform samt Schnabel aus, wobei Sie darauf achten sollten, daß der Schnabel gelb und das Bauchteil rötlich leuchtet. Fixieren Sie das Flügel-Schwanz-Teil. Nachdem Sie den Schnabelstrich und das Auge aufgezeichnet haben, erhält der bunte Kerl das blaue Schnabel- und das rote Augenteil. Der Vogel wird hinter den Ast mit den Blättern geklebt, die Krallen werden von vorne ergänzt.

... von uns beiden?

Malen Sie dem Papagei das Auge, die Schnabel- und Krallenstriche auf. Das vorlaute Tier bekommt seinen Schnabel und den aus drei Teilen zusammengefügten bunten Flügel. Die Krallen, mit dem es sich an dem Ständer, der aus Tonkarton geschnitten wird, festhält, werden noch von hinten fixiert. Tja, und wer ist nun schöner von den beiden?

Wir sind ...

Ob ganz ein-
fach als ein Teil
gearbeitet ...

... auf dem Weg gen Süden

... oder mit aufgemaltem
Auge und Schnabel:
Die Regenbogenvögel
ziehen gen Süden!

Süße Regenbogenfrüchte

Zeichnen Sie bei den reifen Früchten die Blüte auf, und fixieren Sie das Blatt.
Und bitte – nicht hineinbeißen!

Laterne, Laterne ...

Laternen aus Regenbogenkarton
wirken von ganz alleine ...!

Der erste Advent

Der Kerzenrand sowie der Docht werden aufgezeichnet; den hellen Kerzenschein und das Tannengrün kleben Sie von hinten an.

Weihnachts-
zeit

In der Weihnachtszeit funkeln die Sterne besonders schön!

Eine Weihnachtsüberraschung

Die vielversprechenden Pakete werden noch
mit einer Schleife dekoriert.
Hoffentlich ist auch ein Paket für Sie dabei!

Die Weihnachtsnacht

Zeichnen Sie den Glockenrand auf; dann dekorieren Sie die Glocke mit der Schleife und fixieren den Klöppel. Nun kann das große Weihnachtsläuten beginnen!

Ein neues Regenbogenjahr beginnt!

Wenn Sie jeweils die beiden Raketenteile zusammengesetzt haben, kann das Feuerwerk zu Ehren des neuen Regenbogenjahres beginnen!